Dedicado a mi hijo David.
Para ayudarlo en su proceso de aprendizaje.

Robonauts® de NASA. RX78® de Sunrise Inc. PICO® de Sandia National Labs. Industrial Robot de Kuka® Robotics. HEXBUG®es una marca comercial de Innovation First Labs. Algunas fotos y su información son propiedad de su respectivo autor, fabricante y/o propietario de los derechos. Son citados en este libro debido a su relación o relevancia. La información y nombres de marcas usados aquí, son únicamente para propósitos educativos y para preservar la información de los robots, para futuras generaciones.

Derechos de Autor 2013
Por:
Latin-Tech Inc
WWW.LT-AUTOMATION.COM

Todos los derechos reservados. Ninguna parte de este libro puede ser reproducido, almacenado en un sistema recuperable, transmitido, traducido en cualquier forma o por cualquier medio, electrónico, mecánico, fotocopia, grabación u otro sistema, sin un consentimiento previo de Latin tech Inc.

ISBN: 978-1-943141-00-5
PH: 305 848 3517 USA
PH: +57 312 840 5570 COL

Miami, FL, USA

Tabla de contenido

¿Qué es un Robot?..1

¿Qué no es un Robot?...2

¿Son peligrosos los Robots?..3

Origen de la palabra "Robot"..4

¿Cómo se debería comportar un Robot?................................5

Primera Ley de la Robótica...6

Segunda Ley de la Robótica..7

Tercera Ley de la Robótica...8

Tipos de Robots...9

Androides...10

Beams...11

Cyborgs..12

Cybugs...13

Robots Industriales...14

Robots sobre ruedas..15

El Robot industrial más Grande y Fuerte del mundo.................16

El Robot más Pequeño del mundo.......................................17

La estatua de Robot más grande del mundo.......................18

Primer diseño de Robots del mundo....................................19

Primer Robot humanoide en el espacio...............................20

Nuevas tecnologías de la Robótica.......................................21

Vocabulario...22

¿Qué es un Robot?

Un Robot es una máquina con un cerebro computarizado, que puede obedecer órdenes y algunas veces hacer cosas por sí mismo.

"Robot" es sólo una forma de llamar a las máquinas que pueden desarrollar trabajos muy precisos y, en ocasiones, en formas repetitivas e inteligentes. A menudo pueden tomar decisiones por sí mismos.

Qué "no" es un Robot

Existen muchas máquinas que pueden lucir como Robots, pero que no lo son. Por ejemplo: una estufa, un refrigerador y un microondas. Estos electrodomésticos NO son Robots.

Máquinas y dispositivos que no pueden seguir ciertas reglas, **leyes** o tomar ciertas decisiones simples, no son consideradas Robots.

¿Son peligrosos los Robots?

¿Le temes a los Robots?

En general, los Robots son muy buenos con la gente. No están hechos para dañar a las personas de ningún modo, sin embargo, algunas veces pueden enloquecer un poco debido a mal funcionamiento.

Un Robot defectuoso es similar a una persona enferma. Cuándo los Robots están enfermos no hacen las cosas bien.

De cualquier forma, recuerda que ellos no quieren hacerte daño, ni asustarte.

Origen de la palabra "Robot"

Hace muchos años (en 1919), en un país llamado Checoslovaquia, existió un escritor llamado Karel Capec, quién intentaba escribir unos **diálogos de teatro.**

      Karel Capec   Josef Capec

Dudaba si estaría bien usar la palabra "Labori", para nombrar a ciertos " Trabajadores Artificiales" en su obra. De manera que decidió preguntarle a su hermano Josef, quién estaba pintando en ese momento.

Sin prestar mucha atención, su hermano le respondió:

"Sólo llámalos Robots".

Y así fue como la palabra "Robot" fue creada.

¿Cómo se deberían comportar los Robots?

Los Robots deben seguir tres **Directivas** Principales, conocidas como Leyes.

Para evitar que los Robots hagan daño a los humanos, un escritor llamado Isaac Asimov, decidió definir claramente la forma en que un Robot debería comportarse.

Isaac Asimov
El Padre de la Robótica

Si te gustan los Robots, debes aprenderte estas tres leyes muy bien.

Primera Ley de la Robótica

"Un Robot no puede hacer daño a un ser humano o, por su **inacción**, permitir que un ser humano se haga daño"

Un Robot está para protegerte. No te hará daño de ninguna forma. Si él se da cuenta que algo o alguien intenta hacerte daño, hará lo necesario para defenderte, aún si él mismo sufre daños o es destruido.

¿Qué está haciendo este Robot?
¿Puedes explicar la Primera Ley?

Segunda Ley de la Robótica

"Un Robot debe obedecer las órdenes de los seres humanos, excepto cuando esas órdenes entran en **conflicto** con la Primera Ley"

Si le pides algo a un robot, él lo hará inmediatamente. ¿Tú obedeces órdenes? Debes obedecer a tus padres, de la misma forma que un Robot respeta y sigue tus órdenes.

Pero...¿Qué sucede cuando alguien le da órdenes a un Robot para que le haga daño a alguien que amas o que te importa?

El Robot no seguirá órdenes para hacer daño a la gente. Ésto se debe a la Primera Ley. ¿La recuerdas?

Tercera Ley de la Robótica

"Un Robot debe proteger su propia **existencia**, mientras tal protección no entre en conflicto ni con la Primera, ni con la Segunda Ley"

A nadie le gusta que le hagan daño. Un Robot no es la **excepción**. Les gusta **permanecer** intactos. Si algo o alguien lo intenta **atacar**, él tratará de protegerse, pero nunca peleará contra una persona.

Mi amigo…Ten cuidado cuándo le des órdenes a los Robots. Sé bueno y protege la existencia de todas las **criaturas vivientes** y Robots.

¿Qué hará el Robot para proteger al chico?

Tipos de Robots

Existen muchos tipos de Robots que encontrarás en películas, programas de televisión, juguetes e industrias.

Aprenderás a reconocerlos, una vez entiendas como lucen y el tipo de trabajo que hacen.

Es posible que hayas visto algunos en las películas de cine.

Las siguientes páginas te enseñarán como se construyen los Robots. Trata de recordar sus nombres.

Estarás feliz al contarle a tus amigos sobre cada tipo de Robot.

Androides

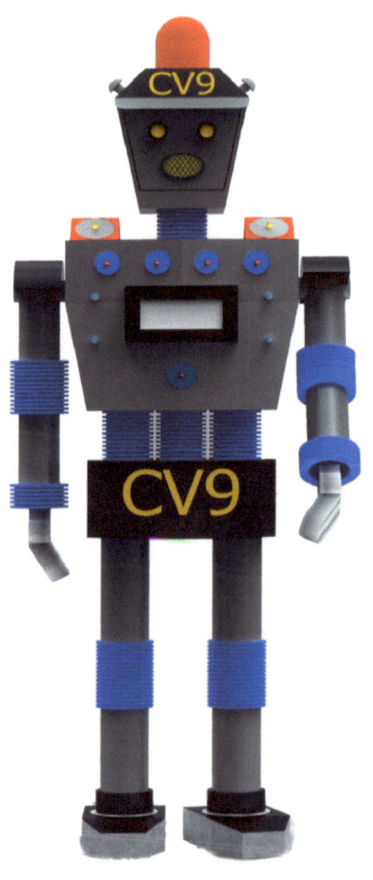

Un Androide es un Robot que luce y actúa como un humano.

Muy pocos Robots pueden caminar como los humanos. Para los Robots es muy difícil caminar.

Debido a que los Androides tienen brazos y piernas como tú, pueden caminar y tomar objetos de la misma manera que tú lo haces.

Algunos de ellos pueden incluso jugar al **fútbol**.

Esta página se ha dejado intencionalmente en blanco

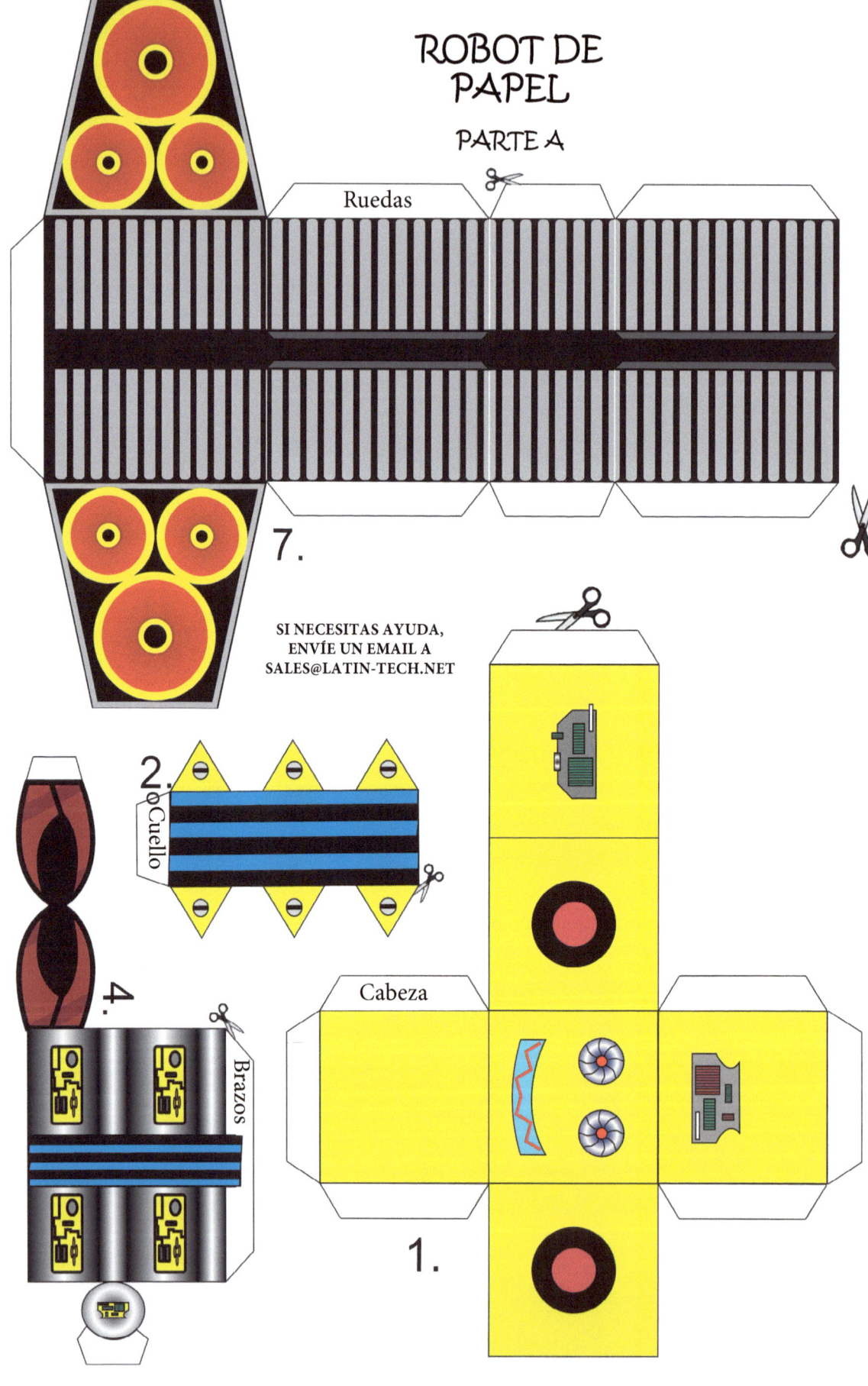

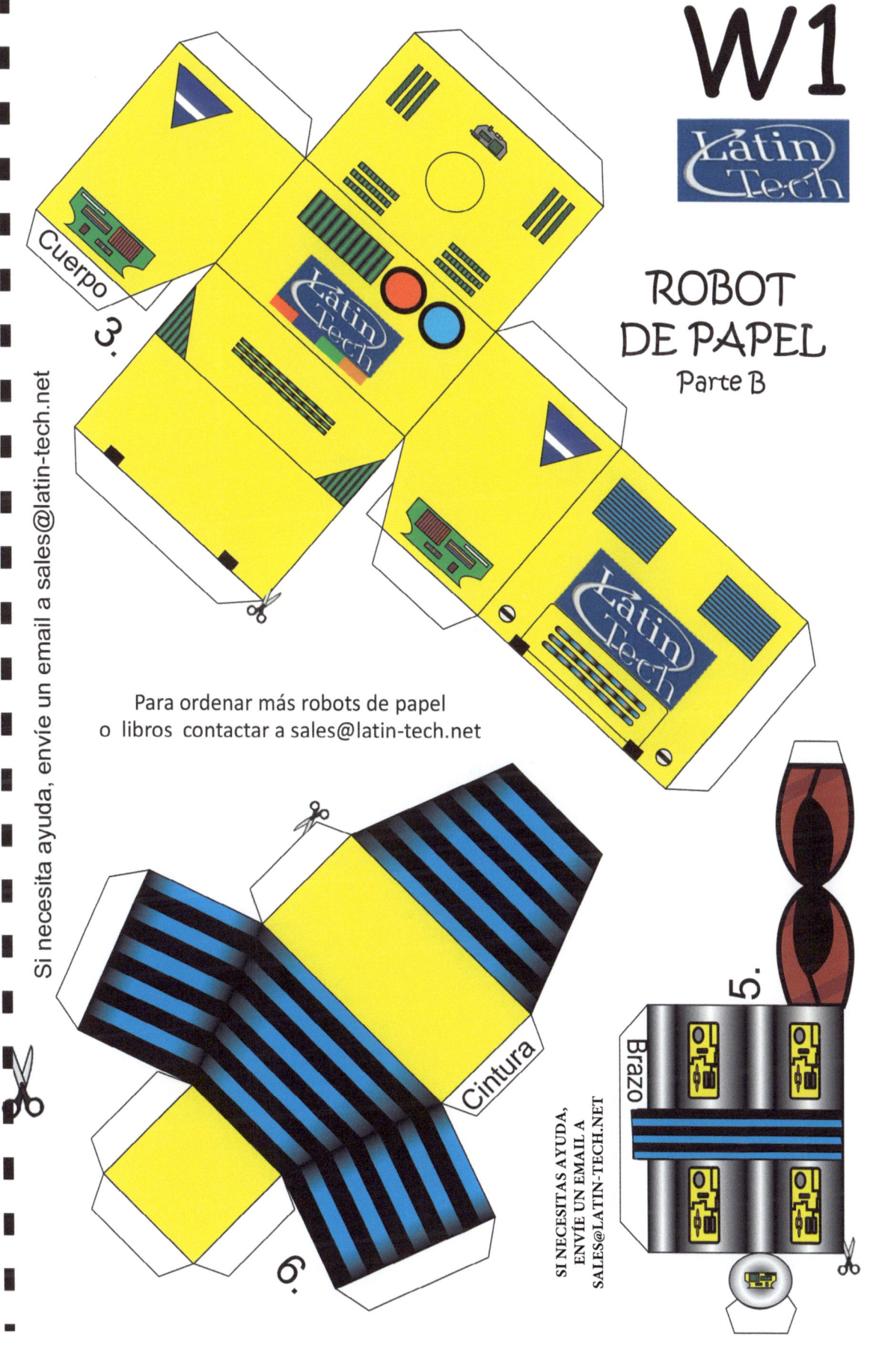

Esta página se ha dejado intencionalmente en blanco

Beams

Estos Robots son de inteligencia simple y se parecen a los insectos. Responden a una señal del **ambiente**, como la luz y el sonido.

Se fabrican con partes **recicladas**, usando muy pocos **componentes**.

Algunos de ellos reciben la **energía del sol** para trabajar o moverse.

Para capturar la energía solar, estos Robots usan un dispositivo llamado **celda solar**.

Cyborgs

"Cyborgs" es un término en inglés que se puede pronunciar en español como "Saiborg".

Este tipo de Robots combinan partes humanas y robóticas.

La palabra Cyborg se forma de las tres primeras letras de las palabras:

Cybernetic y **Org**anism.

Robots que tienen partes humanas también se llaman Cyborgs.

Cybugs (Ciber-Insectos)

Los Cybugs (suena Saibugs), son pequeños Robots que se comportan como **organismos** vivientes.

Lucen como los insectos que ya conoces: moscas, arañas o cucarachas.

Los Cybugs que se alejan **rechazando** el ruido o la luz son llamados Cybugs **fóbicos**.

Los que se acercan a la luz o el ruido se llaman Cybugs **seguidores**.

Estos Robots tienen pequeñas partes mecánicas y **electrónicas**.

Algunos fabricantes les agregan hermosos colores a sus Cyberbugs, como los que ves en la foto.

Robots Industriales

Éstos son Robots fabricados para trabajar en fábricas. Ayudan a hacer cosas.

Existen Robots para **ensamblar** autos. Otros son parte de una línea de ensamble y se encargan de **insertar** y unir muchas piezas, como los videojuegos y computadoras.

Algunos trabajos son muy peligrosos para las personas. En estos casos, las personas son reemplazadas con Robots industriales. Por ejemplo, existen Robots que trabajan en espacios muy calientes.

Robots con Ruedas

Robots con ruedas o llantas en vez de piernas, son Robots muy comunes.

Las ruedas les permiten moverse muy rápido sobre todo tipo de superficies.

Algunos Robots usan ruedas con **correas,** como las que se encuentran en los tanques de guerra.

El Robot Industrial más Grande y Fuerte del mundo

Este Robot tiene 3,2 metros de alto y puede mover cosas que tengan hasta un **peso** de 1.000 kilogramos.

Es fabricado por la compañía alemana Kuka Robotics. Debido a que luce como un brazo humano, es conocido como un "Brazo Robótico".

El Robot más Pequeño del mundo

El Robot se llama Pico y fue fabricado por los Laboratorios Nacionales Sandia y es considerado uno de los Robots más pequeños del mundo.

Solamente mide 12,5 milímetros por cada lado.

Tiene sus propias baterías para operar por 15 minutos, antes de requerir **recarga** de energía.

Cuenta con un pequeño **sensor infrarrojo** para **detectar** cualquier objeto al frente.

La Estatua de Robot más Grande del mundo

Este Robot tiene 18 metros de alto y está localizado en la Isla de Odaiba, en Tokyo.
Fue fabricado para honrar los personajes de la serie de **animé** de Mobile Suit Gundam.

Se llama RX78 y su **nombre clave** es Gundam.

La estatua del Robot es capaz de mover la cabeza.

Robots para chicos

Primer diseño de Robot del mundo

Leonardo da Vinci nació en Italia en 1452. Es considerado un genio.

fue la primera persona que imaginó y desarrolló un Robot con forma humana. Se parecía a un **caballero** con una **armadura.**

Leonardo da Vinci

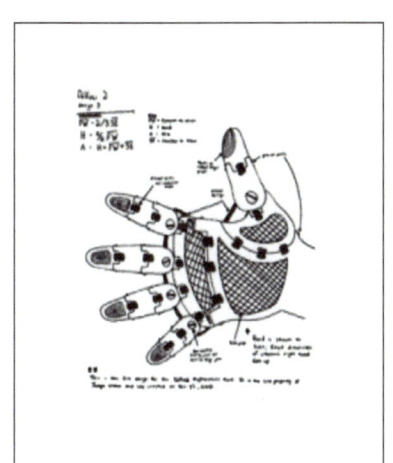

También hizo un león mecánico que podía caminar y que podría ser considerado casi un Robot.

Sus ideas e inventos fueron muy **innovadoras**. Incluso hoy en día son aplicadas en la ciencia moderna.

Primer Robot humanoide en el espacio

La NASA (**N**ational **A**eronautics and **S**pace **A**dministration), de los Estados Unidos, está desarrollando Robots muy avanzados para ayudar a los **astronautas** en sus trabajos en el espacio. Estos Robots son llamados "Robonautas".

Las **misiones espaciales** en el futuro, incluirán un Robonauta como parte de su **tripulación**.

Nuevas Tecnologías para la Robótica

La ciencia puede usar la robótica en tu cuerpo.

Existen nuevos productos en el mercado que pueden cambiar la forma en que percibimos el mundo de los Robots.

Uno de ellos es un nuevo alambre de metal llamado "Nitinol". Imagina un alambre similar a una hebra de cabello.

Lo que es interesante acerca de este alambre es que acorta su longitud cuando se calienta.

Se mueve y se comporta similar a como lo hacen los músculos humanos.

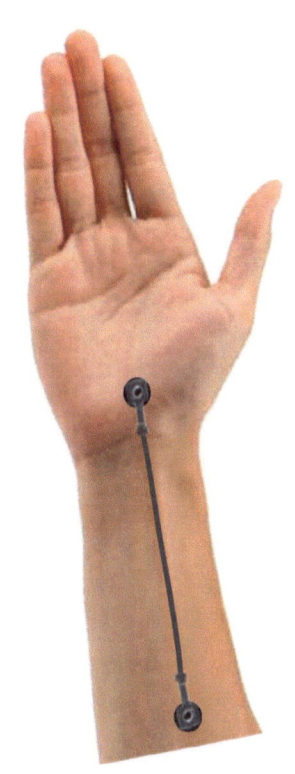

Para calentarlo, puedes usar un secador de cabello o conectarlo a una batería.

Vocabulario

Ambiente: Todo lo que ves alrededor de tí.

Animé: Un estilo de animación japonesa o dibujo.

Armadura: Cubierta de metal para proteger a una persona o animal.

Artificial: No hecho por la naturaleza sino por el hombre.

Atacar: Acción fuerte contra alguien.

Astronauta: Personas que trabajan en el espacio.

Caballero: Hombre o soldado que sirve a un Rey.

Celda Solar: Dispositivo que recibe los rayos solares y los convierte en electricidad.

Correa: Tiras que se mueven por encima de las ruedas.

Criatura viviente: Todos los seres que están vivos.

Componentes: Partes de algo.

Computarizado: Que utiliza un computador.

Conflicto: Dos ideas que se oponen entre sí.

Detectar: Saber que algo está presente.

Diálogo de Teatro: Lo que se dice en una obra de teatro.

Directiva: Instrucciones dadas por una autoridad.

Electrónica: Algo que usa corriente eléctrica y requiere una fuente de energía.

Energía del sol: Energía obtenida del sol.

Ensamblar: Poner partes juntas.

Excepción: Caso especial, diferente de otros.

Cibernética: Comunicación y control entre seres vivos y máquinas

Existencia: Vida.

Fóbico: Que rechazan o no les gusta algo.

Fútbol: Un tipo de deporte, donde se golpea una bola con los pies o la cabeza.

Inacción: No hacer nada.

Infrarrojo: Tipo de luz que no es visible.

Insertar: Poner algo entre dos partes.

Innovador: Algo muy nuevo y que le gusta a la gente.

Leyes: Reglas que debe ser respetadas.

Organismo: Formas de vida similares a planta, humano, animal, etc.

Misión Espacial: Un viaje al espacio por una razón específica.

Nombre Clave: Un nombre secreto.

Permanecer: Continuar existiendo.

Peso: Relacionado con cuan pesado es un objeto.

Recarga: Cargar nuevamente.

Recicladas: Utilizar algo que ya había sido usado o desechado.

Rechazando: Rehusar, No aceptar.

Seguidores: Que se acercan, siguen a algo o alguien.

Sensor: Dispositivo que detecta o mide algo.

Tipos: Grupos de algo con características similares.

Tripulación: Grupo de personas que controlan un vehículo o nave.

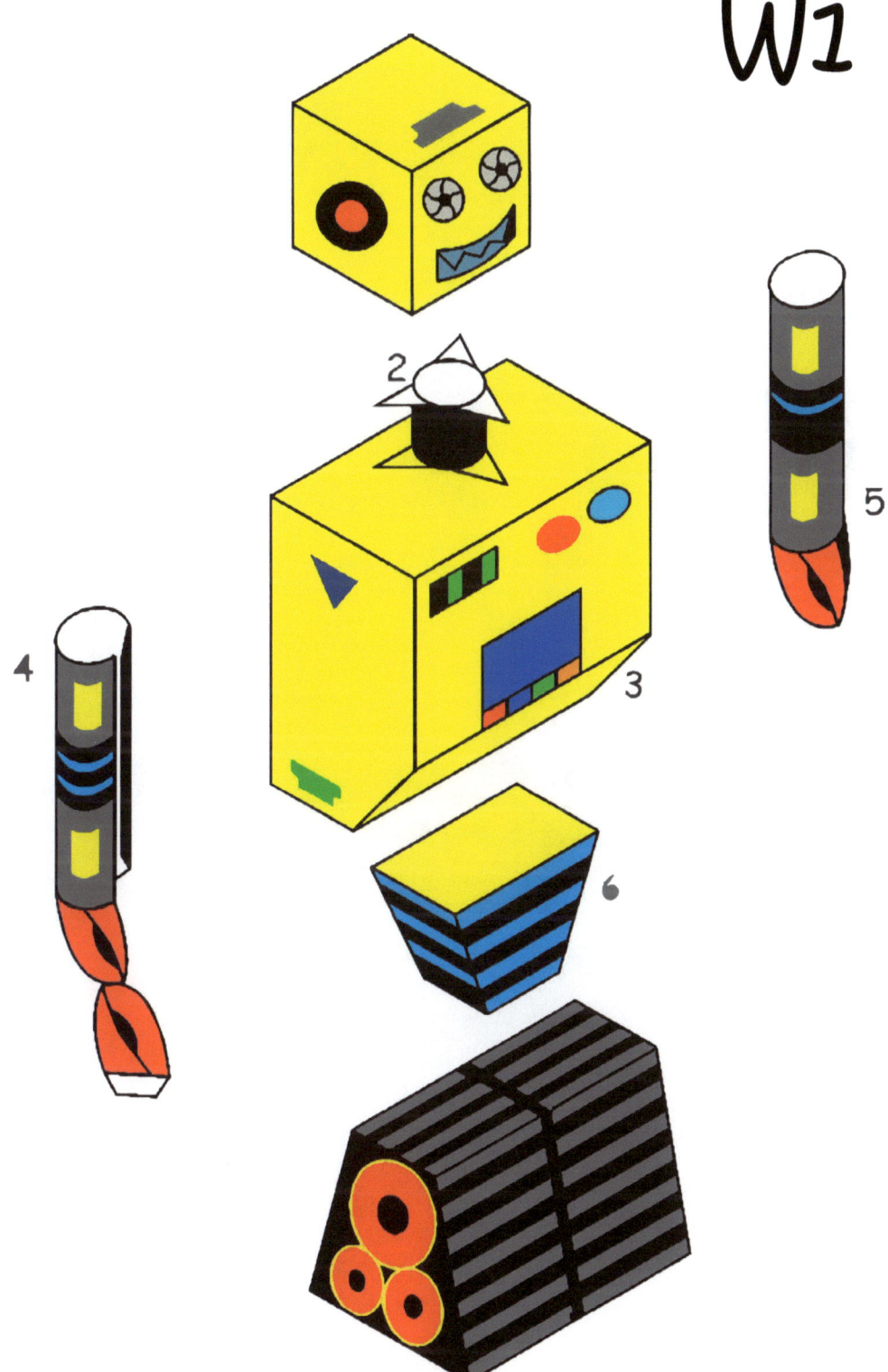

¿QUIERES APRENDER ROBÓTICA?

CURSOS VIRTUALES
2 VECES POR SEMANA
6-17 AÑOS

TEORÍA Y PRÁCTICA
GRUPOS REDUCIDOS
SIN TAREAS

CURSOS
- CONCENTRACIÓN
- LECTURA
- ELECTRICIDAD
- ELECTRÓNICA
- MECÁNICA
- MECATRÓNICA
- ROBÓTICA
- MAGIA
- MATEMÁTICAS
- MEDICINA
- CANTO
- AGROECOLOGÍA

VENTAJAS
- DESDE EL CONFORT DE SU HOGAR
- A SU PROPIO RITMO
- CON MATERIAL PARA PRÁCTICAS
- GRUPOS DE CHICOS CON EDADES SIMILARES

COMBATIMOS
- AUTO ESTIMA
- DÉFICIT DE ATENCIÓN
- DESMOTIVACIÓN
- ADICCIÓN A VIDEOJUEGOS

VIDEOS
ELECTRICIDAD
EXPERIMENTOS
NASA
COMPETENCIAS

VIDEOS
MATEMÁTICAS
LECTURA
CANTO
NUESTRA WEB

sales@latin-tech.net
+1 305 742 7565 ENGLISH
+1 305 848 3517 ENGLISH

contacto@innovention.us
+57 312 840 5570 ESPAÑOL

www.ingramcontent.com/pod-product-compliance
Lightning Source LLC
Chambersburg PA
CBHW041540040426
42446CB00002B/174